I0076393

V

ABRÉGÉ
D'ARITHMÉTIQUE
DÉCIMALE,

POUR

LES COMMENÇANTS,

PAR M. A……,

Instituteur à Colombé-la-Fosse.

Première Edition.

PRIX : 0 fr. 25 c.

A BAR-SUR-AUBE,

CHEZ Mlle ÉLISA MILLOT.

1837.

La véritable édition est revêtue de la signature de l'auteur.

SIGNES ABRÉVIATIFS EMPLOYÉS DANS L'OUVRAGE.

+ prononcez	*plus.*	4	*quatre.*
—	*moins.*	5	*cinq.*
×	*multiplié par.*	6	*six.*
=	*est égal à.*	7	*sept.*
4/2	*4 divisés par 2.*	8	*huit.*
1	*un.*	9	*neuf.*
2	*deux.*	0	*zéro.*
3	*trois.*		

AVERTISSEMENT.

La science du calcul est si peu attrayante, elle présente tant de difficultés aux jeunes enfants, que c'est leur rendre un véritable service de leur en faciliter l'étude, en écartant ce qu'elle a d'aride.

Depuis long-temps j'ai reconnu qu'un traité, par demandes et par réponses, est plus propre que tout autre à leur en inculquer les principes.

J'ai simplifié ces demandes ; j'ai fait les réponses aussi précises, aussi claires qu'il m'a été possible, tout en rendant les opérations plus faciles à saisir, et palpables en quelque sorte.

Enfin, j'ai voulu être court tout en remplissant les conditions que je m'étais imposées, afin que mon livre pût être entre les mains de tous les enfants ; de ceux même dont les parents sont le moins favorisés des dons de la fortune.

Une expérience assez longue m'a démontré la bonté de cette méthode ; les succès qu'elle m'a procurés me sont garants de ceux que mes collègues (dont je me plais à reconnaître le zèle et le talent), pourront eux-mêmes en obtenir : et si grâce à leur entremise je puis être utile à la jeunesse, ils m'auront obtenu la récompense la plus douce, la seule dont mon cœur soit jaloux.

ADELINE.

ABRÉGÉ
D'ARITHMÉTIQUE
DÉCIMALE.

ARITHMÉTIQUE.

Qu'est-ce que l'arithmétique?

L'arithmétique est la science des nombres et du calcul.

Qu'est-ce qu'un nombre?

Un nombre est l'assemblage de plusieurs unités.

Qu'entend-on par calcul?

Le calcul est l'art de composer et de décomposer les nombres par les quatre opérations fondamentales de l'arithmétique.

Quelles sont les quatre opérations fondamentales de l'arithmétique?

Les quatre opérations fondamentales de l'arithmétique, sont : l'addition, la soustraction, la multiplication et la division, par lesquelles on peut résoudre toutes sortes de questions proposées sur les nombres.

DE LA NUMÉRATION.

Qu'est-ce que la numération?

La numération est l'art de représenter et d'énoncer la valeur des nombres.

De quoi se sert-on pour représenter les nombres ?

Pour représenter les nombres, on se sert de dix caractères différents qu'on nomme chiffres, dont les neuf premiers ont chacun une valeur ou absolue ou relative : la valeur est absolue lorsqu'un chiffre est considéré seul ; elle est relative ou locale, lorsqu'il est considéré relativement au rang qu'il occupe dans un nombre quelconque. Le zéro, qui est le dixième chiffre, n'a aucune valeur étant seul ou étant à gauche.

Quels sont les caractères dont on se sert pour représenter les nombres ?

Pour représenter les nombres, on se sert des caractères suivants, qu'on nomme :

1,	2,	3,	4,	5,	6,	7,	8,
un,	deux,	trois,	quatre,	cinq,	six,	sept,	huit,

9, 0.
neuf, zéro.

Comment pose-t-on des nombres ?

Pour poser des nombres, il faut essentiellement déterminer la place des unités, celle des dizaines et celle des centaines, pour former le premier groupe. Puis celle des mille, des dizaines de mille, et celle des centaines de mille, pour former le deuxième groupe, et ainsi de suite en allant de droite à gauche. Les décimales se placent à droite des unités, en commençant par les dixièmes, ensuite les centièmes et les millièmes, etc. ; ainsi qu'il se verra au tableau suivant.

TABLEAU DES NOMBRES.

Centaines de million.	Dizaines de million.	Millions.	Centaines de mille.	Dizaines de mille.	Mille.	Centaines.	Dizaines.	Unités.	Dixiémes.	Centiémes.	Milliémes.	Dix milliémes.	Cent milliémes.	Millioniémes.	Dix millioniémes.	Cent millioniémes.	Billioniémes.
								1,	1								
							3	2,	2	3							
						5	4	3,	3	4	5						
					7	6	5	4,	4	5	6	7					
				9	8	7	6	5,	5	6	7	8	9				
			2	1	9	8	7	6,	6	7	8	9	1	2			
		4	3	2	1	9	8	7,	7	8	9	1	2	3	4		
	6	5	4	3	2	1	9	8,	8	9	1	2	3	4	5	6	
8	7	6	5	4	3	2	1	9,	9	1	2	3	4	5	6	7	8

Pour cette dernière rangée on dira : huit cent soixante-seize millions cinq cent quarante-trois mille deux cent dix-neuf unités, neuf cent douze millions, trois cent quarante-cinq mille six cent soixante-dix-huit billionièmes.

D'après l'exposé de ce tableau, il est facile de comprendre qu'un 6 placé à la colonne des unités, vaut 6 unités; à celle des dizaines, il vaut 6 dizaines, ou 6 fois 10 ; à celle des centaines, il vaut 6 centaines, ou 6 fois 100 unités; et enfin à la colonne des mille, il vaut 6 mille unités. S'il est à celle des dixièmes, il vaut 6 dixièmes de l'unité ; et à celle des centièmes, il vaut 6 centièmes de l'unité, et ainsi de suite, et il en est de même de chacun des autres chiffres à raison de chacun leur valeur absolue ou relative.

Quel est l'usage du zéro ?

L'usage du zéro est d'augmenter la valeur du chiffre qui le précède; ainsi un zéro placé à la droite du chiffre l'augmente par dizaine, deux zéros l'augmentent par centaine, trois zéros l'augmentent par mille. Et pour diviser un nombre par dix, il faut retrancher un chiffre sur la droite; pour diviser par cent il faut en retrancher deux, et pour diviser par mille il faut en retrancher trois, etc., et ainsi de suite.

ADDITION.

Qu'est-ce que l'addition ?

L'addition est une opération par laquelle on réunit ensemble plusieurs nombres, pour en faire un seul qu'on nomme *somme* ou *total.*

Comment pose-t-on une addition ?

Pour bien poser une addition, il faut écrire les unités sous les unités, les dizaines sous les dizaines, et les centaines sous les centaines, etc. Les décimales se placent toujours à droite des unités, les dixièmes sous les dixièmes, les centièmes sous les centièmes, etc. Puis on tire une ligne horizontale avant de commencer l'opération.

De quel côté commence-t-on l'addition ?

On commence l'addition par le rang vertical de chiffres qui est à droite. On pose les unités et on retient les dizaines pour les additionner avec celles de la colonne suivante; ensuite on pose les dizaines et on retient les centaines pour les additionner avec celles de la colonne suivante, et ainsi de suite.

N° 1er. *Exemple.*

34747,345
7521,036
426,402
40036,704
5,004
0,202
0,021
0,002
82736,716

dix. de mille. mille. centaines. dizaines. unités. dixièmes. centièmes. millièmes.

Je commence par le 1er chiffre en tête de l'opération, sur le côté droit, en descendant la colonne en ligne verticale et opérant ainsi qu'il suit :

1re *colonne.* 5 et 6 font 11, et 2 font 13, et 4 font 17, et 4 font 21, et 2 font 23, et 1 font 24, et 2 font 26 : 26 millièmes font 2 centièmes, plus 6 millièmes que je pose sous la colonne des millièmes.

2e *colonne.* 2 centièmes de retenus et 4 font 6, et 3 font 9, et 2 font 11 : 11 centièmes font un dixième et un centième que je pose sous les centièmes, et retiens un dixième que je reporte à la colonne des dixièmes.

3e *colonne.* 1 de retenu et 3 font 4, et 4 font 8, et 7 font 15, et 2 font 17 dixièmes qui valent un entier que je retiens pour la colonne des entiers, et je pose 7 dixièmes excédant d'un entier.

4e *colonne.* 1 entier de retenu et 7 font 8, et 1 font 9, et 6 font 15, et 6 font 21, et 5 font 26 entiers qui valent 2 dizaines et 6 entiers, que je pose immédiatement sous la colonne des entiers, et les 2 dizaines je les reporte à la colonne des dizaines.

5e *colonne.* 2 dizaines de retenues et 4 font 6, et 2 font 8, et 2 font 10, et 3 font 13 dizaines qui valent une centaine et 3 dizaines, que je pose sous la colonne des dizaines, et je retiens une centaine pour la colonne des centaines.

6e *colonne.* Une centaine de retenue et 7 font 8, et 5 font 13, et 4 font 17 centaines qui valent un mille et 7 centaines, que je pose sous les centaines, et je retiens un mille pour la colonne des mille.

7e *colonne* Un mille de retenu et 4 font 5, et 7 font 12 mille qui valent une dizaine de mille et 2 mille que je pose sous les mille, et je retiens la dizaine de mille pour la colonne des mille.

8e *colonne.* Une dizaine de mille et 3 font 4, et 4 font 8 dizaines de mille, que je pose sous la colonne des dizaines de mille.

RÉSUMÉ.

Dans cette addition j'ai trouvé quatre-vingt-deux mille sept cent trente-six entiers sept cent seize millièmes; d'où je conclus que si ce total représentait des mètres il produirait :

Longueur. 8 myria., — 2 kilo., — 7 hecto., — 3 déca., — 6 mètres, — 7 déci., — 1 centi., — 6 millimètres.

Pesanteur. Si c'étaient des grammes, il produirait 8 myria., — 2 kilo., — 7 hecto., — 3 déca., — 6 grammes, — 7 déci., — 1 centi., — 6 milligrammes.

Capacité. Si c'étaient des litres, il produirait 82 kilo., — 7 hecto., — 3 déca., — 6 litres, — 7 déci., — 1 centilitre, — les 6 milli., — nuls.

Surface. Si c'étaient des ares, il produirait 827 hectares, — 36 ares, — 71 centiares. Le 6 devient nul, ou exprime simplement, 60 déci — mètres carrés, zéro ajouté.

Solidité. Si c'étaient des stères, il produirait 8273 décastères, — 6 stères, — 7 décistères, 1 centistère et 6 millièmes de stère.

Carré. Si c'étaient des mètres carrés, il produirait 82736 mètres carrés, — 71 déci. carrés, — 60 centi. carrés, zéro ajouté.

Cube. Si c'étaient des mètres cubes, il y aurait 82736 mètres cubes, — 716 décimètres cubes.

Monnaie. Et si c'étaient des francs, il y aurait 82736 francs, — 7 décimes et 1 centime.

Comment fait-on la preuve de l'addition?

La preuve de l'addition se fait en recommençant le compte, mais dans un sens opposé au premier compte ; c'est-à-dire, commençant par le bas de la première colonne qui est à droite, on doit retrouver la même quantité qu'au premier compte.

N° 2. Quelqu'un a dépensé les sommes suivantes dans le cours d'une semaine, et veut savoir combien il a dépensé ?

Dimanche,	3 fr.	32 c.
Lundi,	18	42
Mardi,	4	30
Mercredi,	7	64
Jeudi,	41	32
Vendredi,	3	03
Samedi,	24	05
Total de la semaine,	102	08
	francs. dizaine. centaine.	centimes. décime.

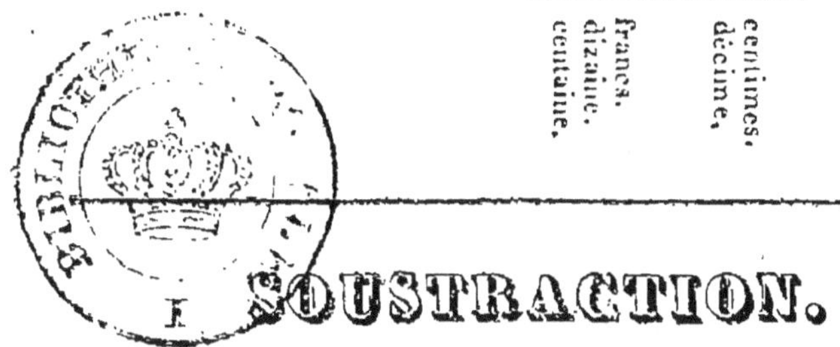

SOUSTRACTION.

Qu'est-ce que la soustraction ?

La soustraction est une opération par laquelle on cherche la différence qui existe entre deux nombres, après avoir posé le plus petit nombre sous le plus grand; le résultat se nomme *excès*, *différence* ou *reste*.

Comment fait-on la soustraction?

Pour faire la soustraction il faut commencer par le chiffre du haut qui est à droite ; si celui-ci est le plus grand, on pose la différence au bas; s'ils sont égaux, on pose zéro; si celui du bas est plus grand, il faut emprunter sur le chiffre qui est à gauche un qui vaut dix;, puis on additionne avec le chiffre pour lequel on a emprunté; ensuite on soustrait et on pose au bas la différence. Si on est obligé d'emprunter au-delà de plusieurs zéros qui se rencontrent, chacun de ces zéros prendra une valeur de 9, parce que, un que l'on emprunte vaut dix sur le zéro qui est à sa droite; on retient un et il en reste 9, et ainsi de suite sur chaque zéro qui suit.

Comment fait-on la preuve de la soustraction?

La preuve de la soustraction se fait en additionnant la plus petite quantité avec la différence; si la somme est égale à la plus grande quantité, l'opération est bonne.

N° 1er.	Un part. doit	7004f	57c
	il paie	4738	54
	différence	2266	03
	Preuve,	7004	57

Après avoir placé le plus petit nombre sous le plus grand, commençant par la droite, je dis : de 7 centimes ôter 4 centimes, reste 3 centimes que je pose au bas; ensuite de 5 décimes ôter 5 décimes, quitte; je pose zéro au bas; puis de 4 francs ôter 8 francs ne peut; j'emprunte un mille sur le 7 à gauche, qui vaut dix cents sur le zéro qui est à sa droite, j'en laisse 9, et je retiens un cent qui vaut dix dizaines sur le zéro qui est à sa droite; j'en laisse 9, et je retiens une dizaine qui vaut dix unités de fr., et 4 fr. qu'il y a déjà font 14 fr.; de 14 fr. ôter 8 fr., reste 6 fr.; à présent les zéros valent 9; je dis : de 9 ôter 3 dizaines, il reste 6 dizaines; de 9 centaines ôter 7 centaines, il reste 2 centaines. Quant au 7 il ne vaut plus que 6; je dis : de 6 mille ôter 4 mille, il reste 2 mille. Il résulte de cette opération que la dette excède la paie de 2266 francs 03 centimes.

Et pour faire la preuve, je dis : 4 centimes et 3 font 7 centimes, que je pose au bas; 5 décimes, que je pose au bas; puis 8 francs et 6 font 14 francs, qui valent 4 francs, plus une dizaine de retenue et 5 font 4, et 6 font 10 dizaines qui valent une centaine, et je pose zéro; une et 7 centaines font 8, et 2 font 10 centaines; je pose zéro et je retiens 1 mille, et 4 font 5, et 2 font 7 mille que je pose au bas, et j'ai pour preuve la même quantité que la dette.

N° 2.

		décamètres.	mètres.	décimètre.	centimètres.	millimètres.
De		2	5 mètres,	0	4	6
Otez		1	9,	0	7	3
Reste		0	5,	9	7	3
Preuve,		2	5,	0	4	6

N° 3.

		mètres carrés.		décimètre car	centimètres car	millimètre car.
De	1	2 m. car.	00	09	00	
Otez		0,	04	00	06	
Reste	1	1,	96	08	94	
Preuv.	1	2,	00	09	00	

N° 4.

	hect.	ares.	cent.
De	8	9 7 ares	7 5
Otez	0	7 0,	0 8
Reste	8	2 7,	6 7
Preuve,	8	9 7,	7 5

N° 5.

De	37 mèt. cub.	004005000
Otez	0	000500001
Reste	37	003702999
Preuve,	37	004005000

mètres cubes, décimètres cubes. centimètres cubes. millimètre cube.

N° 6.

De	70000 gram.	000
Otez	4000	008
Reste	65999	992
Preuve,	70000	000

gramme. décagramme. hectogramme. kilogramme. myriagramme. milligramme. centigramme. décigramme.

N° 7.

De	7402 litres	64
Otez	823	46
	6579	18
Pr.	7402	64

litres. décalitre. hectolitres. kilolitres. centilitres. décilitres.

N° 8.

De	74 stères	07
Otez	72	45
Reste	01	62
Preuve,	74	07

stères. décastères. centistères. décistère.

MULTIPLICATION

Qu'est-ce que la multiplication?

La multiplication est une opération par laquelle on répète un nombre appelé *multiplicande* autant de fois qu'il y a d'unités dans un autre nombre appelé *multiplicateur;* le résultat se nomme *produit.*

Comment connaît-on le multiplicande?

Le multiplicande est toujours de même nature que le produit.

A quoi sert le multiplicateur?

Le multiplicateur sert à répéter le multiplicande autant de fois que l'indiquent le nombre et la valeur des chiffres qui le composent; c'est-à-dire, qu'il faut former autant de produits partiels qu'il y a de chiffres dans le multiplicateur, les zéros exceptés. Le premier chiffre de chaque produit partiel doit toujours être posé sous celui du multiplicateur, qui répète le multiplicande, et les autres se placent à gauche dans une direction horizontale.

Que faut-il faire ensuite?

Il faut additionner tous les produits partiels, puis trancher sur la droite autant de chiffres qu'il y a de décimales au multiplicande et au multiplicateur, à moins que ces derniers n'en contiennent point, et on a des entiers sur la gauche.

Que résulte-t-il d'une multiplication?

Il résulte d'une multiplication : 1° que,

plus le multiplicande et le multiplicateur sont grands, plus le produit est grand; 2° que, si le multiplicande et le multiplicateur sont moins que l'unité, le produit est aussi moins que l'unité; 3° que, si le multiplicateur est moins que l'unité, le produit est moins grand que le multiplicande; et il en est de même de celui-ci à l'égard du multiplicateur.

Comment fait-on la preuve de la multiplication?

La preuve de la multiplication se fait en posant le multiplicateur dans la place du multiplicande, et le multiplicande dans celle du multiplicateur, et multipliant l'un par l'autre, le produit doit être le même; mais si le multiplicande et le multiplicateur sont de même valeur, on double l'un et on prend moitié de l'autre; et étant multipliés l'un par l'autre on retrouve le même produit.

Notez bien, avant de passer à aucune opération, il faut savoir ce qui suit par cœur.

TABLE DE MULTIPLICATION.

2 fois	2	font	4
	3		6
	4		8
	5		10
	6		12
	7		14
	8		16
	9		18
3 fois	3	font	9
	4		12
	5		15
	6		18
	7		21
	8		24
	9		27
4 fois	4	font	16
	5		20
	6		24
	7		28
	8		32
	9		36
5 fois	5	font	25
	6		30
	7		35
	8		40
	9		45
6 fois	6	font	36
	7		42
	8		48
	9		54
7 fois	7	font	49
	8		56
	9		63
8 fois	8	font	64
	9		72
9 fois	9	font	81

N. B. Plus le multiplicande et le multiplicateur sont grands, plus le produit l'est aussi.

N° 1er. Un mètre d'étoffe coûte 24 francs, combien coûteront 234 mètres au même prix?

Multiplicande,	24 fr.		234 mèt.
Multiplicateur,	234 m.		24 fr.
1er produit partiel,	96		936
2e produit part.	72		468
3e produit part.	48	Preuve,	5616 fr.
Produit total,	5616 fr.		

Pour faire cette opération, je commence par les unités du multiplicateur, disant : 4 fois 4 font 16, en 16 je pose 6, et retiens une dizaine; puis avec le même chiffre je multiplie les dizaines du multiplicande, en disant : 4 fois 2 font 8, et une dizaine de retenue font 9, que je pose sous les dizaines du multiplicateur; je passe aux dizaines du multiplicateur et je multiplie l'un après l'autre tous les chiffres du multiplicande, disant : 3 fois 4 font 12, je pose 2 dizaines sous la colonne des dizaines, et retiens une centaine; 3 fois 2 font 6, et une de retenue font 7 centaines, que je pose sous la colonne des centaines; je passe aux centaines du multiplicateur, et je répète encore tous les chiffres du multiplicande l'un après l'autre, disant : 2 fois 4 font 8 centaines, que je pose sous la colonne des centaines; puis 2 fois 2 font 4 mille, que je pose à la colonne des mille. Ensuite j'additionne les trois produits partiels, je descends les 6 unités pour former le produit. Je passe aux dizaines : 9 et 2 font 11 dizaines, qui font une centaine et une dizaine ; je pose cette dernière sous la colonne des dizaines, et retiens la centaine, que j'additionne avec les centaines : une et 7 font 8, et 8 font 16 centaines qui valent un mille, et je pose les 6 centaines à la colonne des centaines, et retiens un mille que j'additionne avec les mille ; 1 et 4 font 5 mille, que je pose à la colonne des mille, et je trouve cinq mille six cent seize francs.

Comment peut-on considérer la multiplication?

La multiplication peut-être considérée comme une addition abrégée. Si l'on additionne autant de fois le multiplicande qu'il y a d'unités dans le multiplicateur, le résultat sera le même que si l'on multiplie le multiplicande par le multiplicateur.

N° 2. *Exemple.* A 24 francs l'unité, combien pour 4 unités?

Si l'on additionne 4 fois le prix de l'unité, le résultat sera le même que si l'on multiplie le prix d'une unité par les 4 unités.

24 fr.	24 fr.
24	4 unités.
24	———
24	96
———	
96	

N° 3. Un litre coûte 7 fr. 05 cent., combien coûteront 406 litres au même prix?

M^{de}.	7 fr. 05 c.		406 litres.	
M^{r}.	406 litres.		7 fr. 05 c.	
	42	30	20	30
	2820	0	2842	0
P^{t}.	2862 fr.	30	Preuve, 2862 fr.	30

Je commence cette opération en disant : 5 fois 6 font 30, je pose zéro et avance 3 de retenus, parce que c'est un zéro qui suit au multiplicande ; 6 fois 7 font 42, je pose 2 et avance 4 de retenus, parce qu'il n'y a plus de chiffres à compter au multiplicande; et voici le premier produit partiel formé, j'abaisse le zéro, et je passe aux centaines du multiplicateur; 4 fois 5 font 20, je pose zéro, et avance les 2 de retenus, parce que c'est un zéro qui suit au multiplicande ; 4 fois 7 font 28, je pose 8, et avance les 2 de retenus, parce qu'il n'y a plus de chiffres à compter au multiplicande. Quoique le multiplicateur ait 3 chiffres, je n'ai que deux produits partiels à cause du zéro.

Je retranche deux chiffres sur la droite à cause des fractions décimales du multiplicande, et j'ai au produit 2862 francs 30 centimes.

N. B. Si le multiplicateur est moins grand que l'unité, le produit est aussi moins grand que le multiplicande, et il en est de même de celui-ci à l'égard du multiplicateur.

N° 4. *Exemple.* Lorsque le stère se vend 46 francs, combien coûtent 0 stère 27 centistères?

Multip^{de}.	46	0,27
Multip^{r}.	0,27	46
	322	162
	92	108
Produit,	12,42	Preuv. 12,42

Le multiplicande étant toujours de même nature que le produit, on voit dans la première opération que le produit est moins grand que le multiplicande; il est bon de ne pas confondre le nombre qui est réellement le multiplicande, car dans la preuve, le multiplicande fait fonction de multiplicateur, et celui-ci, celle du multiplicande.

N. B. Si le multiplicande et le multplicateur sont moins grands que l'unité, le produit sera aussi moins grand qu'une unité.

N° 5. *Exemple.* A 0 fr. 42 cent. le gramme, combien coûteront 0 gramme 607 milligrammes?

0,42	0,607
0,607	0,42
2,94	12,14
252,0	242,8
Prod. 0, 25494	Preuve, 0, 25494

On voit, par cette opération que quand le multiplicande et le multiplicateur sont moins qu'une unité, on ne peut avoir une unité au produit, quand même on multiplierait 0,99 centième par 0,99 centièmes, ainsi que le prouve cette opération.

0,99	1, 98
0,99	0,495
891	990
891	1782
	792
Produit 0 fr. 9801	Preuve, 0 fr. 98010

La preuve est faite en doublant l'un, et prenant moitié de l'autre, à cause que les deux facteurs sont de même valeur

N. B. Il faut toujours retrancher sur la droite autant de chiffres qu'il y a de fractions décimales dans les deux facteurs, et on a des unités sur la gauche.

N° 6. A 25 francs 06 centimes le stère, combien pour 7 stères 09 centistères au même prix?

25 fr. 06 c.	7 stè. 09
7 stèr. 09	25 fr. 06
2 2554	4254
175 420	55 450
	141 8
Prod. 177 fr. 6754	Preuve, 177 fr. 6754

DIVISION.

Qu'est-ce que la division?

La division est une opération par laquelle on cherche combien de fois un nombre appe lé *dividende* en contient un autre appelé *diviseur;* le résultat se nomme *quotient*.

A quoi sert la division?

Elle sest : 1° à partager en parties égales une somme quelconque entre plusieurs personnes; 2° elle fait connaître le prix d'une seule chose, lorsqu'on connaît celui de plusieurs; 3° en divisant le produit d'une multiplication par l'un de ses facteurs, on doit retrouver l'autre facteur au quotient.

Que remarque-t-on dans la division?

On remarque dans la division que plus le diviseur est grand à l'égard du dividende, plus le quotient est petit; et, par une raison inverse, plus le diviseur est petit à l'égard du dividende, plus le quotient est grand. Si le dividende et le diviseur sont égaux, le quotient est un.

Comment fait-on la preuve de la division?

La preuve de la division se fait en multipliant le diviseur par le quotient; et s'il a resté quelque chose au dernier membre de l'opération, il faut l'ajouter au produit, et celui-ci doit être pareil au dividende.

Comment place-t-on chaque terme d'une division?

On place sur une même direction horizontale le dividende et le diviseur, séparés par une accolade; on tire une ligne sous le diviseur, et le quotient qui est la réponse est placé sous cette même ligne.

N° 1er. *Exemple.*

Dividende	24	4 Diviseur.
	0	6 Quotient.

Preuve, 24

Je dis : en 24 combien de fois 4? il y a 6 fois, que je pose au quotient; ensuite je multiplie le diviseur par le quotient, et j'ai 24 pour preuve de mon opération.

Que faut-il observer en divisant?

Il faut observer en divisant : 1° que chaque membre restant d'une division doit toujours être moins grand que le diviseur; 2° que chaque membre de division ne peut donner plus de 9 au quotient; 3° qu'après avoir descendu un chiffre au membre de division, si ce membre ne contient pas le diviseur, il faut poser un zéro au quotient; puis descendre le chiffre suivant : s'il ne contient pas encore le diviseur, il faut poser zéro au quotient, et continuer d'abaisser et de poser zéro, jusqu'à ce qu'il contienne le diviseur.

N° 2. *Exemple.*

1er membre,	10510		5
2e membre,	05		
3e membre,	010		2102
Quitte.	0		5
		Preuve,	10510

Pour faire cette opération, il faut prendre deux chiffres du dividende, parce que le premier ne contient pas le diviseur; je dis donc, en 10 il y a deux fois 5, que je pose au quotient; je multiplie le quotient par le diviseur, et je me trouve quitte; j'abaisse 5, en 5 combien de fois 5? une fois, que je pose au quotient; je multiplie une fois 5, de 5 quitte; j'abaisse 1, en 1 combien de fois 5? il n'y est pas contenu, je pose zéro au quotient, et j'abaisse le zéro suivant ; en 10 combien de fois 5 ? il y est contenu deux fois, que je pose au quotient, et j'ai pour quotient 2102. Ensuite je multiplie celui-ci par le diviseur, et je trouve la même quantité qu'au dividende pour preuve de mon opération.

N. B. Quand il n'y a pas de fractions décimales au dividende et que le diviseur en contient, il faut ajouter autant de zéros au premier qu'il y a de décimales au diviseur ; si alors le dividende est moins grand que le diviseur, le quotient ne contiendra que des fractions.

N° 3. *Exemple.* Avec 37 francs, on a eu 46 mètres 25 centimètres de marchandise, à combien revient chaque mètre ?

37,000	46 m. 25
0,000	0 fr. 80

Je commence par mettre le dividende en même dénomination que le diviseur, ensuite je considère que le dividende ne contient pas le diviseur, je pose zéro franc au quotient, j'ajoute zéro au dividende, et je trouve qu'il contient 8 décimes, à côté desquels j'ajoute zéro pour avoir des centimes, = 0 fr. 80 cent.

Pour faire preuve à cette opération, je multiplie le diviseur par le quotient, et ayant retranché du produit les deux chiffres décimaux, je retrouve le dividende.

	46 mèt.	25
	0 fr.	80 c.
Preuve,	37 fr.	0000

N. B. Si le dividende est plus grand que le diviseur, il donnera un ou plusieurs entiers au quotient selon le nombre de fois qu'il contiendra le diviseur.

Exemples.

N° 4. Avec 5 francs on a eu 4 grammes 99 centigrammes de marchandise, combien coûte chaque gramme ?

5 fr. 00	4,99
0 01	1 fr.

Le dividende contient une fois le diviseur plus une légère fraction, ce qui est le prix de chaque gramme.

N° 5. Avec 34 francs on a eu 4 litres 25 de liqueur, à combien revient chaque litre ?

34 fr. 00	4,25
0, 00	8 fr.

Le dividende contient 8 fois le diviseur, ce qui est le prix de chaque litre.

N. B. Plus le dividende est petit à l'égard du diviseur, plus le quotient l'est aussi.

N° 6. *Exemple.* On veut partager 0,252 millimètres d'étoffe entre quatre personnes, quelle sera la part de chacune d'elles!

0,25200	4,000
12000	
0000	0, 063
	4, 000

Preuve, 0,252000

Avant que de commencer la division, je mets le diviseur en même dénomination que le dividende, je trouve que le dividende ne contient pas le diviseur, je pose zéro mètre au quotient, j'ajoute un zéro au dividende, et celui-ci ne contenant pas encore le diviseur, je pose zéro au décimètre du quotient ; j'ajoute un zéro au dividende, et je trouve que celui-ci contient six fois le diviseur; et poursuivant ma division, je trouve au quotient que chaque personne doit avoir o mètre o63 millimètres.

N. B. Plus le dividende est grand à l'égard du diviseur, plus le quotient l'est aussi.

N° 7. *Exemple.* o mètre o5 décimètres coûtent 64 francs, à combien revient chaque centimètre?

64 fr.	5
14	
40	12 fr. 80 c.
00	5
	Preuve, 64 fr. 00 c.

Le diviseur ne peut être considéré que comme 5 unités; ainsi, il est donc évident de supprimer les deux zéros, puisque l'on ne pourrait effectuer la preuve de l'opération.

N. B. Si le dividende et le diviseur sont égaux, le quotient est un.

N° 8. *Exemple.* 42 francs partagés entre 42 personnes, chaque personne aura 1 franc.

42	42
00	1 fr.

RÉDUCTION DES FRACTIONS
ORDINAIRES EN FRACTIONS DÉCIMALES.

Comment réduit-on une fraction ordinaire en fractions décimales?

Pour réduire une fraction ordinaire ou fraction à deux termes en fractions décimales, il faut prendre le numérateur pour dividende et le dénominateur pour diviseur; si le dividende ne contient pas le diviseur, c'est qu'il n'y a pas unité ; il faut alors poser zéro au quotient, suivi d'un point, puis ajouter au dividende autant de zéros qu'on veut avoir de décimales au quotient.

Avant que de donner des exemples sur ce procédé, il est très-important de savoir ce que c'est que le numérateur et le dénominateur.

Exemple. { Numérat^rs^., 3/4 4/5 3/8 3/11èmes.
{ Dénomin^rs^.,

Qu'est-ce que le numérateur?

Le numerateur marque combien il y a de parties égales de l'entier; il est placé sur le dénominateur et séparé par une ligne.

Qu'est-ce que le dénominateur?

Le dénominateur indique en combien de parties égales l'entier est divisé; il représente toujours une unité.

La première de ces fractions représente 3 quarts ; la deuxième, 4 cinquièmes ; la troisième, 3 huitièmes, et la quatrième, 3 onzièmes.

Il n'y a que pour les fractions demi, tiers et quart, que l'on n'emploie pas la terminaison *ième*.

Il faut toujours que le numérateur soit égal au dénominateur pour que la fraction vale un entier; si je coupe une pomme en 8 morceaux égaux, chaque morceau vaudra la huitième partie de la pomme; trois vaudront 3 huitièmes de cette pomme, et si je les réunis tous, ils reproduiront la même pomme dans sa première valeur.

N° 1er. Il s'agit de réduire 3/4 en fraction décimale.

Nr. dividde 3,0	4 Dénr. diviseur.
20	
0	0, 75
	4
Preuve,	3, 00

Manière d'opérer : Pour faire cette opération, je commence par dire 3 au dividende ne contient pas 4 au diviseur; je pose zéro unité au quotient, suivi d'un point; j'ajoute zéro au dividende ; $\frac{30}{4} = 7 + 2$, je pose 7 au quotient ; ensuite $7 \times 4 = 28$, de 30 reste 2 ; j'ajoute zéro au dividende $= \frac{20}{4} = 5$, que je pose au quotient, $5 \times 4 = 20$, de $20 = 0$.

N° 2.

4,0	5
0	
	0.8

Manière d'opérer : $\frac{4}{5} = 0{,}4 \times 10 = 40$, $\frac{40}{5} = 8$, $8 \times 5 = 40$, $40 - 40 = 0$.

N° 3.

30	8
60	
40	0.375
0	

$\frac{3}{8} = 0$, $3 \times 10 = 30$, $\frac{30}{8} = 3 + 6$, $8 \times 3 = 24$, $30 - 24 = 6$, $6 \times 10 = 60$, $\frac{60}{8} = 7 + 4$, $8 \times 7 = 56$, $60 - 56 = 4$, $4 \times 10 = 40$, $\frac{40}{8} = 5$, $5 \times 8 = 40$, $40 - 40 = 0$.

Il y a des fractions dont le dernier membre de division ne peut jamais se trouver quitte; il y reste toujours une fraction irréductible: telle est la réduction de 3/11èmes.

N° 4.	3.0	11
	0.80	0.27272727
	030	11
	080	
	030	27272727
	080	27272727
	030	3
	080	
	03	3.00000000

On voit dans la réduction de cette fraction, que les mêmes chiffres reparaissent toujours, et au quotient, et aux différents membres de division; mais bien qu'il en soit, elle finit néanmoins par devenir insignifiante.

ADDITION.

Lorsque des fractions à deux termes sont réduites en fractions décimales, il est bien facile de les additionner en les plaçant les unes sous les autres, commençant par le zéro figurant l'unité.

Exemple. On veut additionner les quatre fractions traitées ci-devant.

0.75
0.8
0.375
0.27272727

2.19772727

Soit que l'on ajoute des zéros pour mettre les trois premières en même dénomination que la quatrième, ou laisser le vide, le total en sera le même, par la raison que 0.8 dixièmes = 0.80 centièmes, que 0.80 centièmes = 0.800 millièmes, et que 0.800 = 0.8000 dix millièmes; la fraction ne fait que changer de dénomination, et il en est de même de toutes les fractions décimales. L'addition précédente vaut deux entiers dix-neuf millions sept cent soixante-douze mille sept cent vingt-sept millionièmes.

SOUSTRACTION.

On veut connaître la différence qui existe entre 0 gramme 375 milligrammes, et 0 gr. 27272727 d'or?

Opération.

De 0.37500000
Otez 0.27272727

Reste 0.10227273

Preuve, 0.37500000

MULTIPLICATION.

On veut connaître la surface d'un objet quelconque, ayant 0 mètre 80 centimètres de long, sur 0 mètre 75 centimètres de large?

```
      0,80                    0,75
      0,75                    0,80
    ------                  ------
      4 00                  0,6 0 00
     5 6 0                  mètre carré. décimètre carré. centimètre carré.
    ------
    0,6 0 00
    mètre carré. décim. carrés. centim. carré.
```

La surface est de 0 mètre 60 décimètres carrés, ou 0 mètre 6000 centimètres carrés, ou 0 mètre 600000 millimètres carrés.

DIVISION.

Une glace ayant 0 mètre 60 décimètres carrés de surface, sur une longueur de 0 mètre 80 centimètres, quelle est sa largeur?

Observation. La surface d'un objet quelconque est le résultat d'une longueur multipliée par une largeur; or, pour trouver une dimension inconnue d'une surface, il faut diviser la surface par la dimension connue, et l'autre dimension sera reproduite au quotient.

Exemple.

```
0,600 | 0,80
  400 |------
   00 | 0,75
```

Je trouve que le dividende ne contient pas le diviseur; je pose zéro unité au quotient, et poursuivant mon opération, j'ai pour largeur, 0,75 centimètres. En multipliant le quotient par le diviseur, on a la preuve.

RÈGLE D'INTÉRÊT.

Qu'est-ce que la règle d'intérêt?

La règle d'intérêt est une règle qui sert à faire connaître la rente que l'on doit payer annuellement pour un capital prêté à une somme quelconque pour cent; ainsi, autant de fois le capital contient cent, autant de fois la rente annuelle pour cent y est contenue : or, soit que l'on considère le cent comme étant l'unité relative à la rente, en plaçant un point à droite, les parties du cent étant des décimales qu'il faut multiplier comme les unités, ensuite les retrancher du produit, on a des entiers à gauche. Soit que l'on multiplie le capital par la rente annuelle, et retrancher au produit autant de décimales qu'il y en a aux deux facteurs, plus deux chiffres sur la droite; ce principe est appuyé sur ce que cent est à la rente annuelle comme le capital est à x terme inconnu. Il en est de même pour toutes sortes de marchandises achetées ou vendues à tant pour cent.

N° 1er. Quelqu'un a prêté 400 francs à 5 pour cent par an, quelle est la rente annuelle?

$$100 : 5 :: 400 : x$$

$$\begin{array}{r} 5 \\ \hline \end{array}$$

Rente annuelle, 20 fr. 00

Nous avons dit que pour diviser par cent, il faut retrancher deux chiffres à droite pour avoir des unités sur la gauche, et j'ai 20 francs pour résultat.

N° 2. Quelqu'un a prêté 446 francs 40 cent. pour un an à 4 francs 50 cent. pour cent, quel est l'intérêt annuel?

100 : 4 fr. 50 c. :: 446 fr. 40 : x

4, 50

22320 00

178560

Intérêt annuel, 20 fr. 088000

Il faut retrancher quatre chiffres de décimales et deux pour la règle du $\frac{0}{0}$.

Le multiplicateur multiplié par le multiplicande, donnera la preuve de cette opération.

Comment faut-il opérer pour trouver l'intérêt d'un mois ou d'un jour?

Lorsque l'on a l'intérêt d'un an, il est facile d'avoir celui d'un mois en divisant par 12 mois, et celui d'un jour en divisant par 365 jours qui valent un an. Ensuite on peut avoir celui de plusieurs mois en multipliant le quotient par le nombre de mois, et celui de plusieurs jours en multipliant par le nombre de jours que l'on veut.

Cette manière de placer un capital n'est pas la seule employée dans les prêts d'argent, on peut aussi placer son capital à un denier quelconque; par exemple, si l'on place un capital au denier 20, on retirera la vingtième partie de ce capital; si c'est au denier 25, on retirera la vingt-cinquième partie; et si c'est au denier 33, on retirera la trente-troisième partie; c'est-à-dire que 20 fr., ou 25 fr., ou 33 fr. de capital, produiront 1 fr. d'intérêt annuel; or, pour trouver l'intérêt annuel d'un capital prêté à un denier quelconque, il faut diviser le capital par le denier auquel il est placé, d'où il résulte que 400 francs placés au denier 25, font autant que 400 divisés par 25 = 16 francs,

NOMENCLATURE
DU SYSTÈME MÉTRIQUE.

multiples.	Myria, vaut	10000.	ou dix-mille fois	une chose.
	Kilo, —	1000.	ou mille fois	
	Hecto, —	100.	ou cent fois	
	Déca, —	10.	ou dix fois	
	Unité,	1.	ou une fois	
sous-multiples.	Déci., vaut	0.1	ou dixième d'	
	Centi., —	0.01	ou centième d'	
	Milli., —	0.001	ou millième d'	

MESURES :

LINÉAIRES.

	mètres.
Myriamèt. vaut	10000
Kilomètre,	1000
Hectomètre.	100
Décamètre	10
Mètre.	1
	de mèt.
Décimètre vaut	0,1
Centimètre,	0,01
Millimètre,	0,001

DE PESANTEUR.

	gram.
Myriag., vaut	10000
Kilogram.,	1000
Hectogram.,	100
Décagram.,	10
Gramme,	1
	de gram.
Décigramme vaut	0,1
Centigramme,	0,01
Milligramme,	0,001

DE CAPACITÉ.

	litres.
Kilolitre vaut	1000
Hectolitre,	100
Décalitre,	10
Litre.	1
	de litre.
Décilitre vaut	0,1
Centilitre,	0,01

DE SURFACE AGRAIRE.

Hectare v.	100 ares.
Are,	1, ou 100 m. q.
Centiare,	0,01 d'are.

Un centiare vaut un mètre carré.

DE SOLIDITÉ.

Décastère v.	10 stères.
Stère	1 ou 1 m. cube.
Décistère,	0,1 de st.
Centistère,	0,01

DE SURFACE.		DES MONNAIES.	
Posez un mètre car.	1	Franc,	1
Posez un déci. car.	0,01	Décime vaut	0,1 de franc.
Posez un centi. car.	0,0001	Centime,	0,01
Posez un milli. car.	0,000001		

Un milli. carré vaut la millionième partie du mètre carré.

MESURE CUBIQUE OU DE SOLIDITÉ.

Posez	
un mètre cube	1
un décimètre cube	0,001
un centimètre cube	0,000001
un millimètre cube	0,000000001

Un millimètre cube vaut la billionième partie d'un mètre cube.

RAPPORTS

ENTRE LES DIFFÉRENTS POIDS ET MESURES.

Myr. en lieues com.	2,25	Lieue en myriamètre,	0,444
Mètre en toise,	0,513	Toise en mètre	1,949
Mèt. car. en toise car.	0,2632	Toise car. en m. car.	3,799
Mèt. cub. en t cub.	0,13506	Toise cub. en m. cub.	7,404
Mèt. cub. en solives.	9,7246	Solive en mèt. cube.	0,1029
Mèt. en a. de Paris.	0,841	Aune de Paris en mèt.	1,188
Litre en velte,	0,133	Velte en litres,	7,5
Litre en bouteille,	1,064	Bouteille en litre,	0,937
Are en cordes car.	2,369	Corde carrée en are,	0,4221
		Sou en franc,	0,05

Un kilogram. vaut 2 livres nouvelles.

Une livre nouvelle v. 500 grammes.

Cuivre, un sou	pèse	10 grammes.
Argent, un franc	pèse	5
Or, un franc	pèse	0,32258

FIN.

TABLE DES MATIÈRES.

TROYES, IMPRIMERIE D'ANNER-ANDRÉ.

www.ingramcontent.com/pod-product-compliance
Lightning Source LLC
Chambersburg PA
CBHW071423200326
41520CB00014B/3556
9782019540036